サイパー思考力算数練習帳シリーズ
シリーズ３９

面 積　上

面積の意味から、正方形・長方形・平行四辺形・三角形の面積の求め方まで

整数範囲：整数の四則計算が正確にできること。

◆　本書の特長

1、図形の一分野である「面積」について、基礎から段階を踏んで詳しく説明しています。

2、自分ひとりで考えて解けるように工夫して作成されています。他のサイパー思考力算数練習帳と同様に、**教え込まなくても学習できる**ように構成されています。

3、面積とは何かから、長方形（正方形）、平行四辺形、三角形の面積の求め方まで、基礎から中程度の応用問題まで詳しく説明しています。単位は主に cm（センチメートル）と c㎡（平方センチメートル）を用いています。㎡（平方メートル）、ha（ヘクタール）など、他の単位や、単位換算については、シリーズ３２「単位の換算　上」で学習して下さい。

◆　サイパー思考力算数練習帳シリーズについて

　ある問題について同じ種類・同じレベルの問題をくりかえし練習することによって、確かな定着が得られます。

　そこで、中学入試につながる文章題について、同種類・同レベルの問題をくりかえし練習することができる教材を作成しました。

◆　指導上の注意

① 解けない問題、本人が悩んでいる問題については、お母さん（お父さん）が説明してあげて下さい。その時に、できるだけ具体的なものにたとえて説明してあげると良くわかります。

② お母さん（お父さん）はあくまでも補助で、問題を解くのはお子さん本人です。お子さんの達成感を満たすためには、「解き方」から「答」までの全てを教えてしまわないで下さい。教える場合はヒントを与える程度にしておき、本人が自力で答を出すのを待ってあげて下さい。

③ お子さんのやる気が低くなってきていると感じたら、無理にさせないで下さい。お子さんが興味を示す別の問題をさせるのも良いでしょう。

④ 丸付けは、その場でしてあげて下さい。フィードバック（自分のやった行為が正しいかどうか評価を受けること）は早ければ早いほど、本人の学習意欲と定着につながります。

もくじ

面積の基礎・・・・・・・・・・・・3
 例題1・・・・・・・3
 例題2・・・・・・・3
 例題3・・・・・・・5
 問題1・・・・・・・5
 例題4・・・・・・・6
 問題2・・・・・・・7

長方形の面積・・・・・・・・・9
 例題5・・・・・・・9
 問題3・・・・・・・10
テスト1－1・・・12
テスト1－2・・・14

平行四辺形の面積・・・・・・・・16
 例題6・・・・・・16
 例題7・・・・・・18
 問題4・・・・・・19
テスト2－1・・・21
テスト2－2・・・22

三角形の面積・・・・・・・・・24
 例題8・・・・・・24
 問題5・・・・・・26
 例題9・・・・・・27
 問題6・・・・・・29
 例題10・・・・・30
 問題7・・・・・・31
テスト3・・・・・34

解答・・・・・・・・・・・・・・・38

面積の基礎

例題1、アとイとでは、どちらが広いでしょうか。

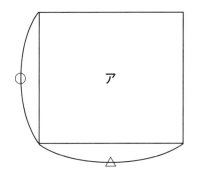
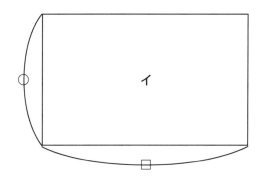

見れば分かりますね。答えはイです。

答、　イが広い

例題2、ウとエとでは、どちらが広いでしょうか。

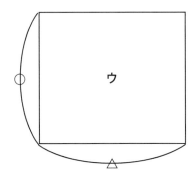
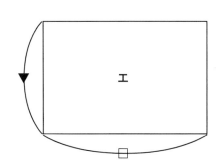

これは見ただけでは分かりませんね。2つを重ねてくらべてみましょう。

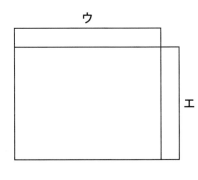

さあ、どちらが広いでしょうか。
　ウの方が少し広いように見えますが、それは正しいでしょうか。

　見た目や直感にたよらず、どちらが広いか、正確に調べる方法はないでしょうか。

面積の基礎

　こういう方法はどうでしょう？同じ広さのタイルをウ、エの長方形にならべていって、どちらの方がたくさんタイルがならべられるかで、広さを比べるという方法です。
　実際(じっさい)にやってみましょう。□の大きさのタイルをしきつめてみました。

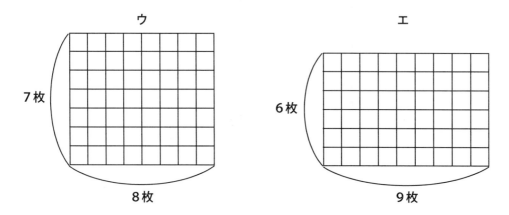

　ウはたて７枚、よこ８枚ですから、全部で　７×８＝５６枚　。
　エはたて６枚、よこ９枚ですから、全部で　６×９＝５４枚　。

　ウの方がエよりも□タイル２枚分広いことになります。

答、　ウが広い　

　この□タイルは、たて１cm、よこ１cmの正方形のタイルでした。この□タイル１枚の広さを「１cm²」といいます。「cm²」は「平方(へいほう)センチメートル」と読みます。たて１cm、よこ１cmの正方形のタイルの広さを「１cm² 一平方(いちへいほう)センチメートル」といいます。

　上図ウの広さは、１cm²のタイルが５６枚あるので、５６cm²となります。同じく、エの広さは５４cm²となります。

　広さを、算数の用語(ようご)では「**面積(めんせき)**」といいます。上図ウの面積は５６cm²、エの面積は５４cm²です。ウの面積の方がエの面積より２cm²広い、といえます。

面積の基礎

例題3、 □の正方形が１c㎡の時、次の長方形の面積を求めなさい。

たてに５枚、よこに７枚正方形がならんでいます。正方形は全部で　５×７＝３５枚　ありますから、答えは　３５c㎡　となります。

答、＿＿＿３５c㎡＿＿＿

問題１、 □の正方形が１c㎡の時、次の長方形の面積をそれぞれ求めなさい。

①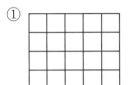

式

答、＿＿＿＿＿c㎡

②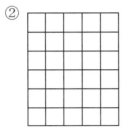

式

答、＿＿＿＿＿c㎡

③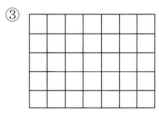

式

答、＿＿＿＿＿c㎡

④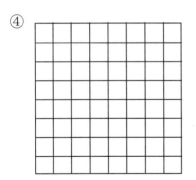

式

答、＿＿＿＿＿c㎡

⑤

式

答、＿＿＿＿＿c㎡

面積の基礎

例題4、 小さい正方形が1㎠の時、次の形の面積を求めなさい。

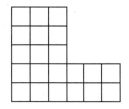

いままでのように ○×□ という計算では求めることができません。これぐらいの正方形の数ですと、1つずつ数えてもそんなにたいへんではありませんが、数が多くなると数えるだけで時間がかかります。うまく計算で求める方法はないでしょうか。

方法1、たてに2つに分けて考えます。

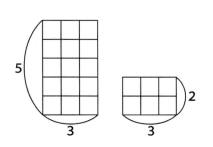

左の方は　5×3＝15枚
右の方は　2×3＝　6枚
正方形の合計は　15＋6＝21枚

答、＿＿21㎠＿＿

方法2、よこに2つに分けて考えます。

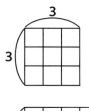

上の方は　3×3＝　9枚
下の方は　2×6＝12枚
正方形の合計は　9＋12＝21枚

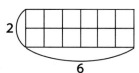

答、＿＿21㎠＿＿

方法1も2も、にたような方法ですね。どちらか1つの方法を覚えておけば、その時々で、自分の分かりやすい方法で分けて考えられます。
　また、3つ以上の長方形に分けて考える方法もありますが、分ければ分けるほど計算の式がふえますので、上図の場合は2つに分けるのが良いでしょう。

さらに、もう1つ方法があります。

面積の基礎

方法3、長方形から長方形を引く。

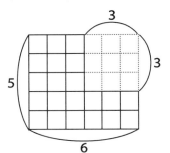

点線の部分のふくめると、ちょうど長方形の形になります。

この長方形にある □ は　5×6＝30枚

また、点線の部分には　3×3＝9枚

長方形の部分から点線の部分を引けば求める部分になるので　30－9＝21枚

答、＿＿＿21㎠＿＿＿

問題2、　小さい正方形が1㎠の時、次の形の面積を求めなさい。

①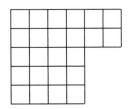

式・考え方

答、＿＿＿＿＿＿㎠

②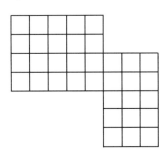

式・考え方

答、＿＿＿＿＿＿㎠

面積の基礎

③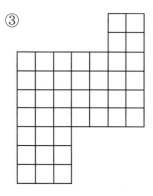

式・考え方

答、_____ cm²

④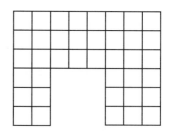

式・考え方

答、_____ cm²

⑤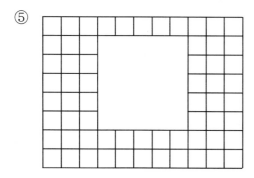

式・考え方

答、_____ cm²

⑥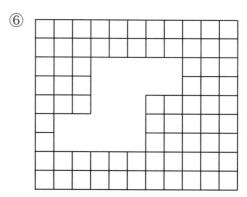

式・考え方

答、_____ cm²

長方形の面積

例題5、 たて4cm、よこ6cm 長方形の面積は、何㎠でしょうか。

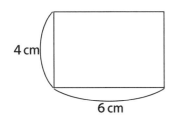

今までのように、たて1cm、よこ1cmの □ が何枚入るかを考えれば解けます。

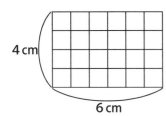

たて4枚、よこ6枚ですから
4×6＝24枚　　24㎠　となります。

しかし、いちいち □ を書いていてはたいへんですね。もっとかんたんに求める方法はないでしょうか。

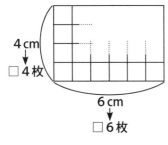

左の図のように、たて1列、よこ1列の □ の数がわかれば、あとは計算で求められました。

この長方形は、たて4cmです。 □ はたて1cmですから、□ はたてに4枚ならぶことは、すぐに分かります。

同じく、よこ6cmには □ が6枚ならぶことが分かります。

つまり、長方形のたての長さとよこの長さは、それぞれ □ のならぶ枚数を表していることになります。したがって、たて、よこの長さ（cm）をかけ算すれば、その長方形にならぶ □ の枚数を表していることになり、その長方形の面積が求められたということになります。

長方形の面積（㎠）の求め方：　たての長さ（cm）×よこの長さ（cm）

もちろん正方形の面積も、同じ方法で求められます。

例題5の答、　　24㎠

長方形の面積

問題３、 次のそれぞれの面積を求めなさい。

①、たて７cm　よこ５cm の長方形
　式

　　　　　　　　　　　　　　　　　　　答、_____ cm²

②、たて９cm　よこ１２cm の長方形
　式

　　　　　　　　　　　　　　　　　　　答、_____ cm²

③、一辺が１１cm の正方形
　式

　　　　　　　　　　　　　　　　　　　答、_____ cm²

（以下、角は全て直角です）

④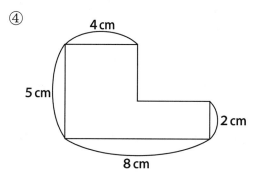　　⑤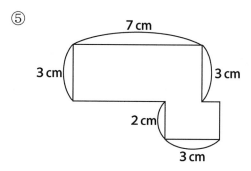

　式　　　　　　　　　　　　　式

　　　　　　答、_____ cm²　　　　　　答、_____ cm²

長方形の面積

⑥

式

答、_____ cm²

⑦

式

答、_____ cm²

⑧

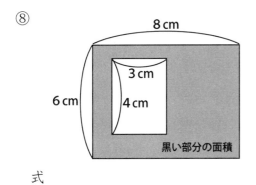

式

答、_____ cm²

長方形の面積　テスト

テスト１－１、　小さい正方形が１c㎡の時、次の形の面積を求めなさい。

① （６点）

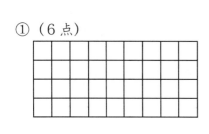

式

答、＿＿＿＿＿c㎡

② （６点）

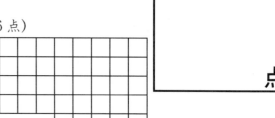

式

答、＿＿＿＿＿c㎡

③ （６点）

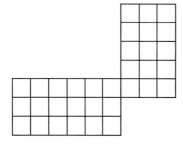

式

答、＿＿＿＿＿c㎡

④ （７点）

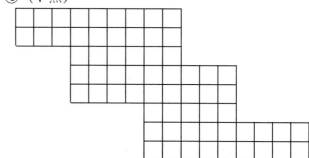

式

答、＿＿＿＿＿c㎡

長方形の面積　テスト

⑤（7点）

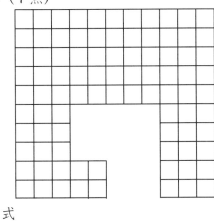

式

答、＿＿＿＿＿cm²

⑥（7点）

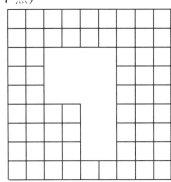

式

答、＿＿＿＿＿cm²

⑦（7点）

式

答、＿＿＿＿＿cm²

長方形の面積　テスト

テスト１－２、　次のそれぞれの面積を求めなさい。

①、たて４cm、よこ８cm の長方形。（６点）
　式

答、＿＿＿＿＿cm²

②、一辺が１２cm の正方形。（６点）
　式

答、＿＿＿＿＿cm²

（以下、角は全て直角です）

③（７点）

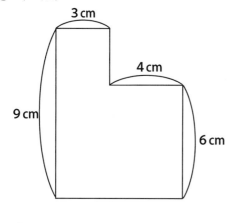

④（７点）

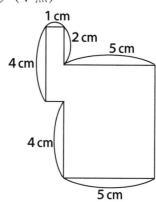

　式　　　　　　　　　　　　　　　式

答、＿＿＿＿＿cm²　　　　　答、＿＿＿＿＿cm²

長方形の面積　テスト

⑤（7点）

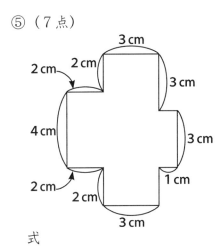

式

答、_____ cm²

⑥（7点）

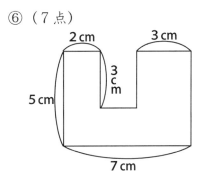

式

答、_____ cm²

⑦（7点）

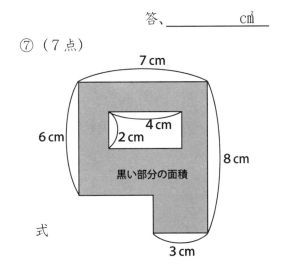

式

答、_____ cm²

⑧（7点）

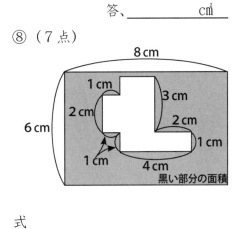

式

答、_____ cm²

平行四辺形の面積

例題6、 1㎝の方眼の上にかかれた平行四辺形の面積を求めなさい。

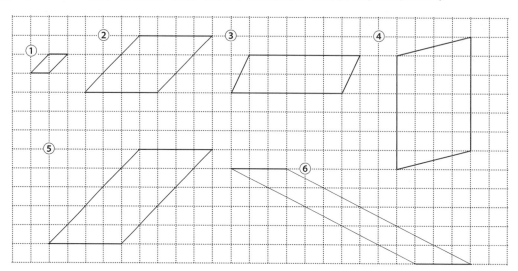

①、【図あ】のように小さな三角形2つ（AとB）に分けると、小さな三角形はちょうど1㎠の正方形の半分なので、AとBとを合わせて1㎠です。

【図あ】

また、次のように考えることもできます。
【図い】のようにAの部分を移動させて左の方にもってくると、たて、よこ1cmの正方形になりますから、
$1 \times 1 = 1$ ㎠　と求めることができます。

【図い】

答、<u>　1㎠　</u>

あとの方の【図い】のように、平行四辺形を正方形、あるいは長方形に変形して解く考え方は、どんな平行四辺形にも応用できますので、次からはこの方法で解いてゆくことにしましょう。

②、【図う】のようにCの部分を左に持ってくると、
たて3cm、よこ4cmの長方形になります。
$3 \times 4 = 12$ ㎠　　　　　答、<u>　12㎠　</u>

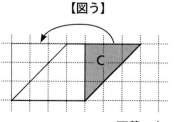

【図う】

平行四辺形の面積

③、Cの部分を左に移動します。
　　$2 \times 6 = 12$ ㎠　　　　　答、__12 ㎠__

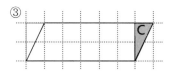

④、$6 \times 4 = 24$ ㎠　　　　　答、__24 ㎠__

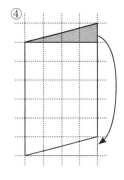

⑤、DとEとをそれぞれ移動すると、長方形になります。
　　$5 \times 4 = 20$ ㎠　　　　　答、__20 ㎠__

⑥、【図え】FをGへ、HをIへ…NをOへ移動する。すると【図お】のような5個の長方形になる。それを組み合わせると、【図か】のような1つの長方形になります。
　　$5 \times 3 = 15$ ㎠
　　　　　　　　　　　答、__15 ㎠__

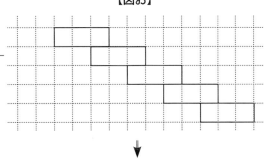

どんな平行四辺形も、部分を移動させると、必ず長方形（あるいは正方形）に変形させることができます。

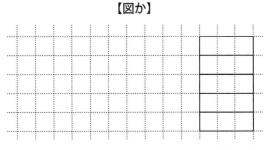

平行四辺形の面積

さきの⑥について。

平行四辺形を長方形に変形して
 5×3＝15㎠
と求めることができました。

この長方形をもとの平行四辺形にもどすと、【図き】のようになります。

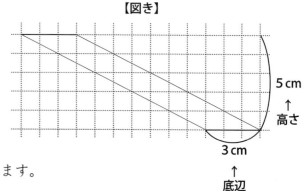

この時、3cmの部分を**平行四辺形の「底辺」**とよびます。また、5cmの部分を**平行四辺形の「高さ」**とよびます。

「底辺」と「高さ」は、必ず90°（直角）の関係になっている必要があります。

こうすると、平行四辺形の面積は「底辺×高さ」で求めることができるのがわかります。

平行四辺形の面積＝底辺×高さ

例題7、 次の平行四辺形の面積を求めなさい。

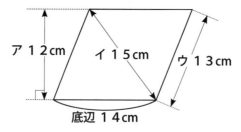

平行四辺形の面積は「底辺×高さ」で求められます。底辺は14cmですから、あとは高さを探せばよろしい。

平行四辺形の高さは、底辺と90°（直角）の部分ですね。図のア、イ、ウのどれが平行四辺形の高さでしょうか。

平行四辺形の面積

底辺と９０°（直角）をなしているのは「ア」の部分ですね。

この平行四辺形の面積は　１４×１２＝１６８㎠　となります。

答、＿＿１６８㎠＿＿

問題４、　次の平行四辺形の面積を求めなさい。

①

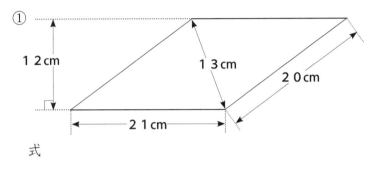

式

答、＿＿＿＿＿㎠

②

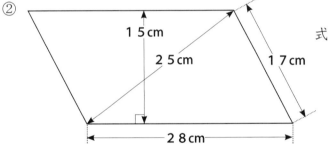

式

答、＿＿＿＿＿㎠

③

式

答、＿＿＿＿＿㎠

平行四辺形の面積

④

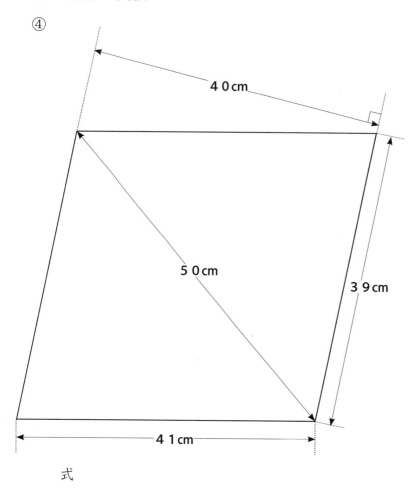

式

答、_____ cm²

⑤

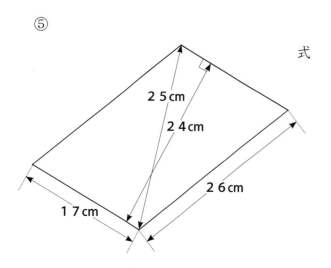

式

答、_____ cm²

平行四辺形の面積　テスト

テスト２－１、　１cmの方眼の上にかかれた平行四辺形の
　面積をそれぞれ求めなさい。（各１０点×５）

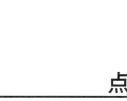点

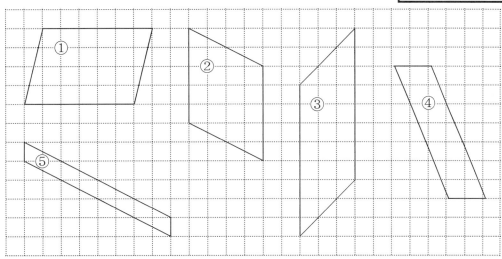

① 式

答、_____ cm²

② 式

答、_____ cm²

③ 式

答、_____ cm²

④ 式

答、_____ cm²

⑤ 式

答、_____ cm²

平行四辺形の面積　テスト

テスト２－２、　次の平行四辺形の面積をそれぞれ求めなさい。（各１０点×５）

①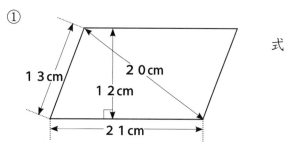

式

答、＿＿＿＿＿cm²

②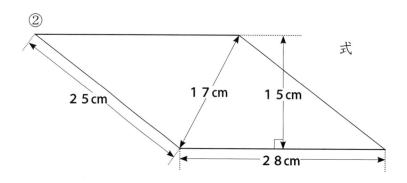

式

答、＿＿＿＿＿cm²

③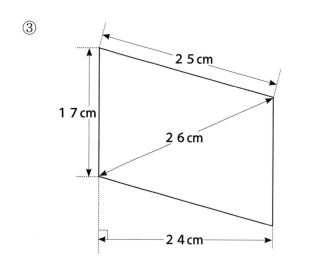

式

答、＿＿＿＿＿cm²

平行四辺形の面積　テスト

④

式

答、＿＿＿＿＿cm²

⑤

式

答、＿＿＿＿＿cm²

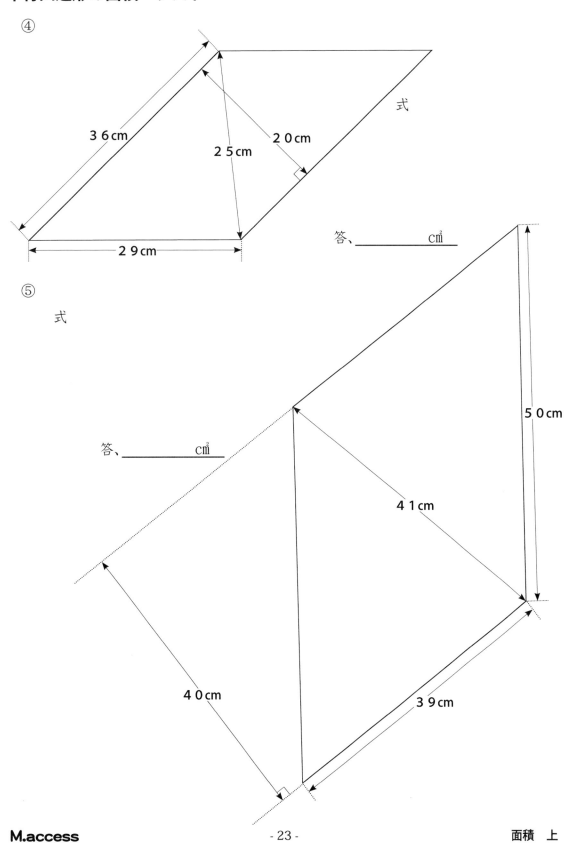

三角形の面積

例題8、 1cmの方眼の上にかかれた三角形の面積を求めなさい。

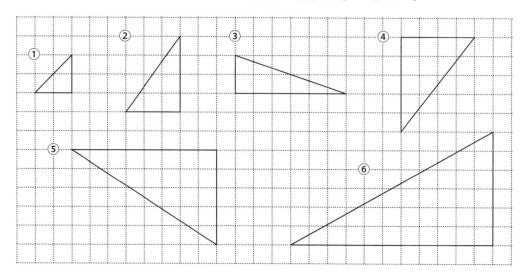

①、【図あ】のように小さな三角形2つ（AとB）と正方形（C）に分けると、正方形（C）は1cm²、また小さな三角形はちょうど1cm²の正方形の半分なので、AとBとを合わせて1cm²。全部で2cm²です。

また、次のように考えることもできます。
【図い】のDのような正方形から考えます。Dはたて、よこ2cmなので、 2×2＝4cm² です。求めるEの三角形はちょうどその半分の面積ですから、 4÷2＝2cm² と求めることができます。

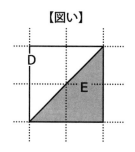

答、__2cm²__

あとの方の【図い】の考え方はどんな直角三角形にも応用できますので、次からはこの方法で解いてゆくことにしましょう。

三角形の面積

以下、全て長方形の面積の半分になります。

②、3×4＝12㎠…長方形
　　12÷2＝6㎠　　　　　　答、___6㎠___

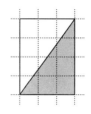

③、6×2＝12㎠…長方形
　　12÷2＝6㎠　　　　　　答、___6㎠___

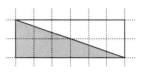

④、4×5＝20㎠…長方形
　　20÷2＝10㎠　　　　　答、___10㎠___

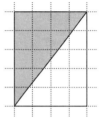

⑤、8×5＝40㎠…長方形
　　40÷2＝20㎠　　　　　答、___20㎠___

⑥、11×6＝66㎠…長方形
　　66÷2＝33㎠　　　　　答、___33㎠___

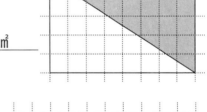

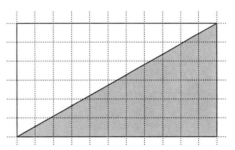

例題8は全て直角三角形でした。
　直角三角形の面積は、直角をはさんだ2辺の長さをそれぞれかけて大きな長方形の面積を求め、それを半分にすれば求められます。

直角三角形の面積＝（直角をはさんだ）1辺の長さ×もう1辺の長さ÷2

右の直角三角形の面積は
　　　イ×ウ÷2　で求められます。

　（※注意　アの長さはつかいません。）

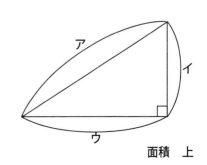

三角形の面積

問題５、次の直角三角形の面積を求めなさい。（方眼の１マスは１cm です）

①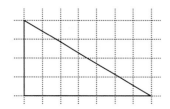

式

答、＿＿＿＿＿ c㎡

②

式

答、＿＿＿＿＿ c㎡

③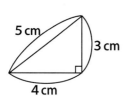

式

答、＿＿＿＿＿ c㎡

④

式

答、＿＿＿＿＿ c㎡

⑤

式

答、＿＿＿＿＿ c㎡

⑥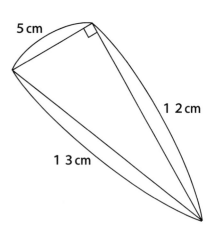

式

答、＿＿＿＿＿ c㎡

三角形の面積

例題9、 1cmの方眼の上にかかれた三角形の面積を求めなさい。

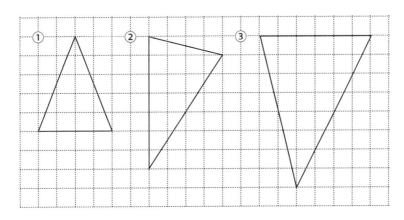

①、【図あ】のように、三角形をかこうような長方形を考えてみましょう。長方形の面積は求められますね。この長方形の面積は 4×5＝20㎠ です。

【図い】のように、三角形の頂点から底辺に向かって、垂直に線をおろします。すると左半分の長方形はAとBとの三角形に、右半分の長方形はCとDとの三角形に、それぞれ分けることができます。

すると、Aの部分とBの部分、またCの部分とDの部分の面積は、それぞれ等しいことが分かります。

したがって、求めたい三角形の面積は【図あ】の長方形のちょうど半分となり、 20㎠÷2＝10㎠ となります。

答、　10㎠

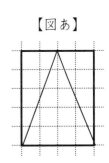
【図あ】

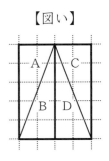
【図い】

②、③も同じように考えて解いてみましょう。

②、【図う】のように、三角形を長方形でかこみます。①と同じ考え方をするには、三角形の頂点から底辺に向かって垂直に線を引く必要があります。

さあ、どの点からどの辺に垂線を引くとうまくいくでしょうか。

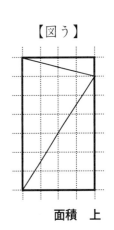
【図う】

三角形の面積

わかりましたか。【図え】のように垂線を引きます。すると、EとF、GとHがそれぞれ同じ面積になりますので、三角形の面積は長方形の面積の半分だということがわかります。

三角形の面積は　7×4÷2＝14㎠　です。

答、　14㎠

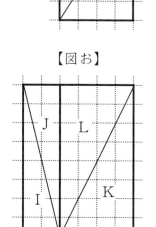
【図え】

③、【図お】のように、長方形と三角形の垂線を考えます。

三角形の面積は　6×8÷2＝24㎠　となります。

答、　24㎠

直角三角形でなくても、その三角形をかこうような長方形を考えることができれば、三角形の面積を求めることができます。

その長方形の面積は、三角形の底辺の長さと、頂点から底辺におろす垂線の長さが分かれば、求めることができます。

【図お】

三角形の面積は、その長方形を2で割ることによって求められます。

三角形において、底辺と90°（直角）をなす直線で、底辺から三角形の一番高いところ（はしのところ）まで伸ばした部分の長さのことを　**三角形の高さ**　と言います。

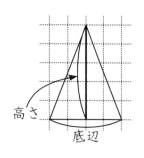 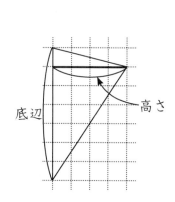 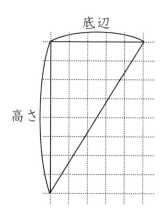

三角形の面積

問題６、次の三角形の面積を求めなさい。（方眼の１マスは１cm です）

①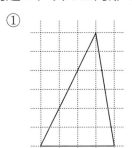

式

答、_____ c㎡

②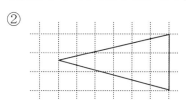

式

答、_____ c㎡

③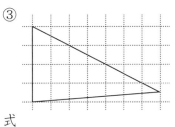

式

答、_____ c㎡

④

式

答、_____ c㎡

⑤

式

答、_____ c㎡

⑥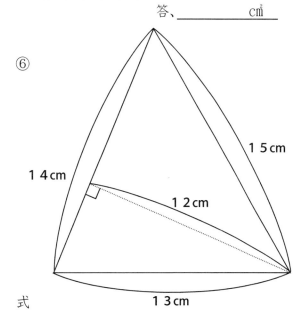

式

答、_____ c㎡

三角形の面積

例題１０、　１cmの方眼の上にかかれた三角形の面積を求めなさい。

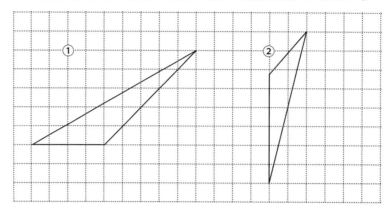

これも工夫して解いてみましょう。

①、三角形を１８０°回転させたものを元の三角形にくっつけてみると、【図あ】のように平行四辺形ができあがります。

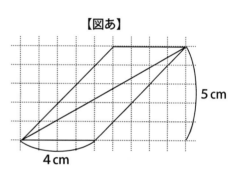

平行四辺形の面積の求め方は、底辺×高さでしたから、この組み合わせてできた平行四辺形の面積は　４×５＝２０c㎡　となります。

この平行四辺形は、同じ三角形２つを組み合わせてできたものですから、元の三角形の面積は、この平行四辺形の半分です。
　　　２０÷２＝１０c㎡

答、　１０c㎡

②、これも同じように、同じ三角形を２つ組み合わせて、平行四辺形を作り、その面積の半分を求めます。
　　　６×２÷２＝６c㎡

答、　６c㎡

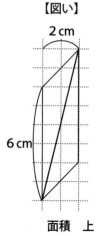

三角形の面積

①において、4cmの部分を三角形の底辺といい、5cmの部分を三角形の高さと言います。

②においては、6cmの部分が底辺で、2cmの部分が高さになります。

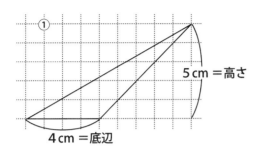
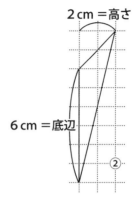

問題7、次の三角形の面積を求めなさい。（方眼の1マスは1cmです）

①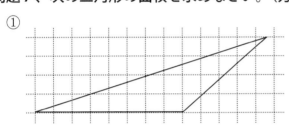

式

答、＿＿＿＿＿cm²

②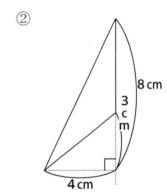

式

答、＿＿＿＿＿cm²

③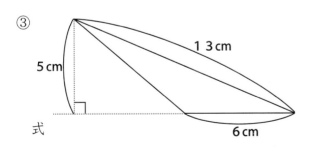

式

答、＿＿＿＿＿cm²

三角形の面積

　三角形において、ある一辺を底辺とした時、底辺にふくまない頂点から底辺あるいはその延長線におろした垂線（９０°＝垂直におろした線）の長さのことを高さと言います。

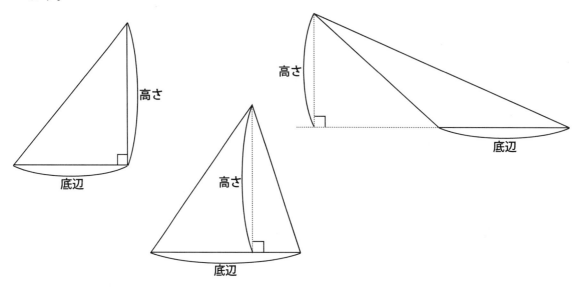

　同じ１つの三角形においても、どの辺を底辺と考えるかによって、高さの位置は異なります。

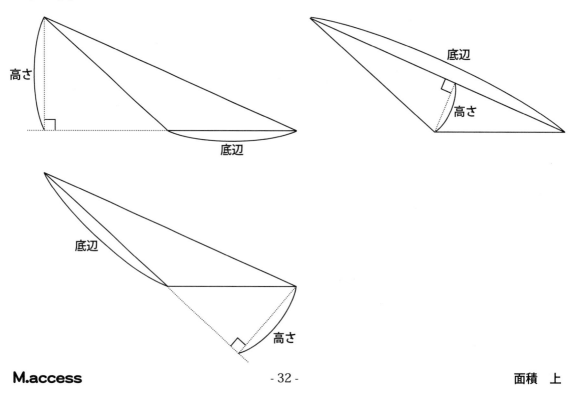

三角形の面積

どの三角形においても、「底辺×高さ」で、その三角形の2倍の平行四辺形（長方形・正方形）の面積を求めたことになります。三角形の面積は、求めた平行四辺形（長方形・正方形）の面積の半分ですから、その平行四辺形の面積を半分にすれば、三角形の面積を求めたことになります。

三角形の面積の求め方（公式）は以下のようになります。

頂点から底辺（の延長）におろした垂線の長さ
↓
三角形の面積＝底辺×高さ÷2
　　　　　　　　　　　↑
三角形の面積の2倍の平行四辺形（長方形・正方形）の面積

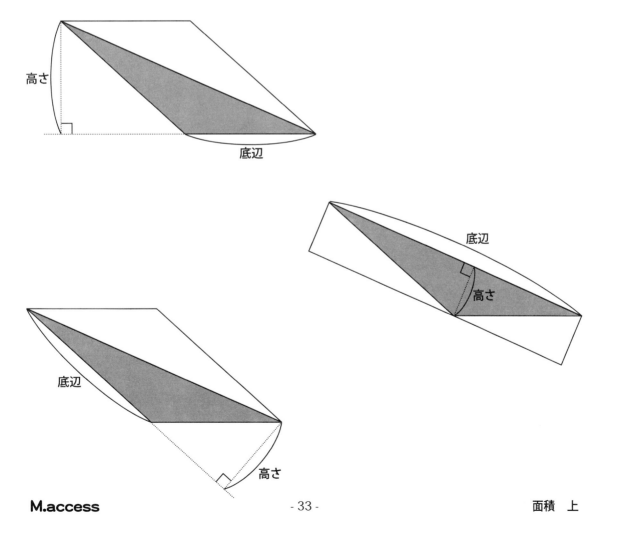

三角形の面積　テスト

テスト３、　次の三角形の面積をそれぞれ求めなさい。（方眼の１マスは１cm です）

（①〜⑨：各５点　⑩〜⑭：各１１点）

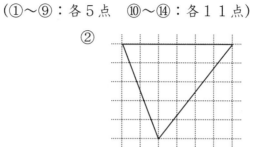

①

式

答、＿＿＿＿＿cm²

②

式

答、＿＿＿＿＿cm²

③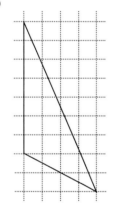

式

答、＿＿＿＿＿cm²

④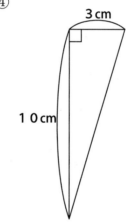

3cm

10cm

式

答、＿＿＿＿＿cm²

⑤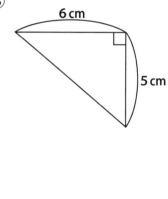

6cm

5cm

式

答、＿＿＿＿＿cm²

三角形の面積　テスト

⑥

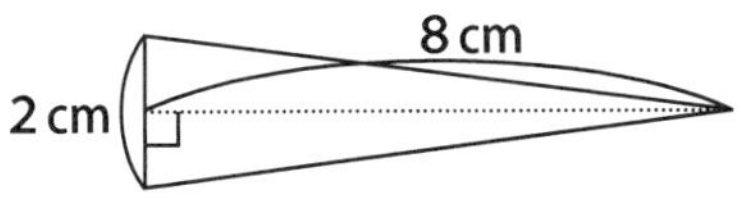

⑦

式

式

答、＿＿＿＿cm²

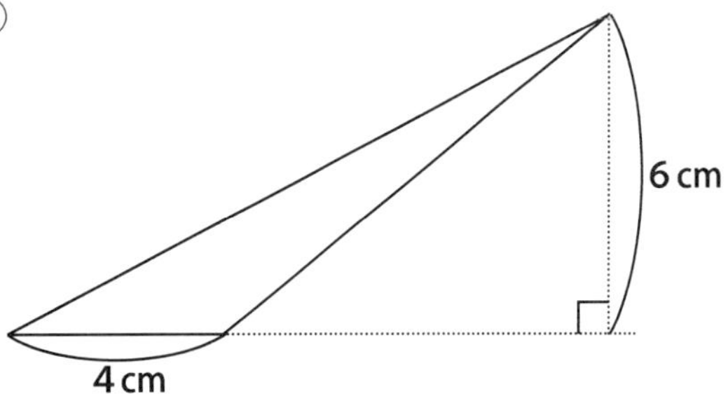

答、＿＿＿＿cm²

⑧

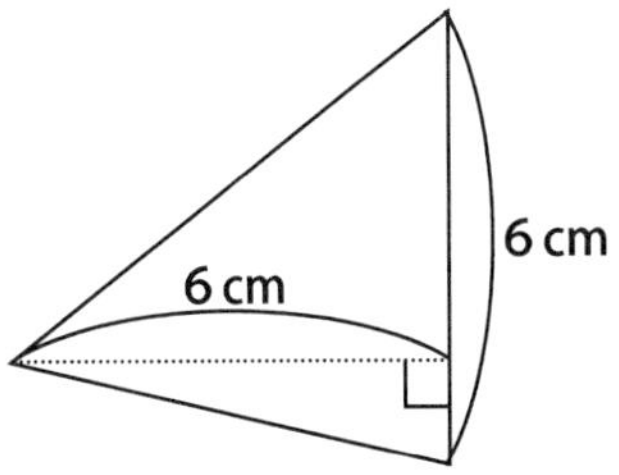

⑨

式

式

答、＿＿＿＿cm²

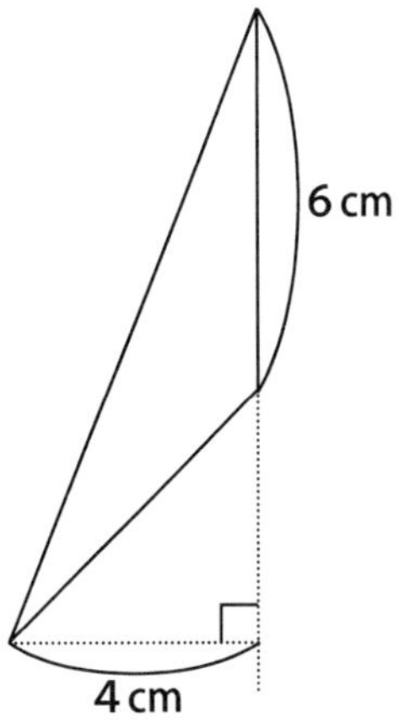

答、＿＿＿＿cm²

三角形の面積　テスト

⑩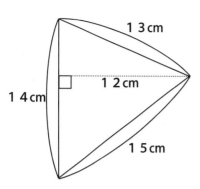

式

答、_____ cm²

⑪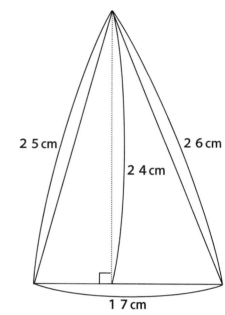

式

答、_____ cm²

⑫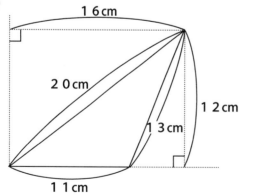

式

答、_____ cm²

三角形の面積　テスト

⑬

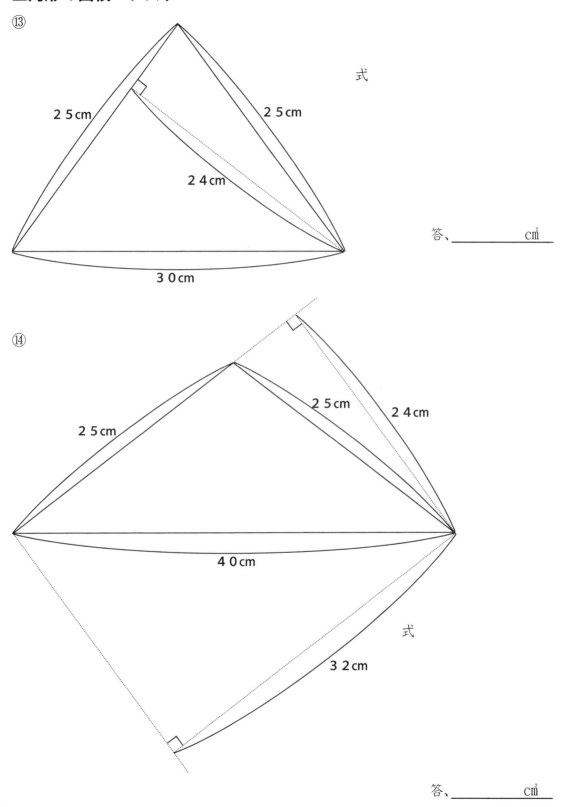

式

答、＿＿＿＿ cm²

⑭

式

答、＿＿＿＿ cm²

解 答

P5

問題1

① 4×5＝20　①、 20㎠　　② 6×5＝30　②、 30㎠
③ 5×7＝35　①、 35㎠　　④ 8×8＝64　②、 64㎠
⑤ 10×13＝130　①、 130㎠

P7

問題2（解き方は一例です）

①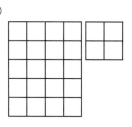

5×4＝20
2×2＝4
20＋4＝24
①、 24㎠

②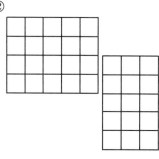

4×5＝20
5×3＝15
20＋15＝35
②、 35㎠

③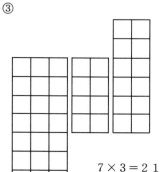

7×3＝21
4×2＝8
6×2＝12
21＋8＋12＝41
③、 41㎠

P8

問題2

④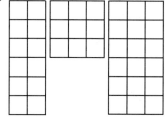

3つに分ける
6×2＝12　3×3＝9　6×3＝18
12＋9＋18＝39

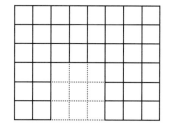

別解　大きな長方形から不要な部分を引く
6×8＝48…大きな長方形
3×3＝9…点線の部分
48－9＝39

④、 39㎠

解 答

P 8
問題 2

⑤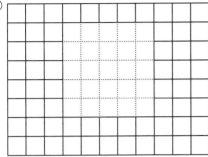

大きな長方形から点線の部分を引く
8 × 1 1 = 8 8 …大きな長方形
5 × 5 = 2 5 …点線の部分
8 8 − 2 5 = 6 3

⑤、 6 3 cm²

⑥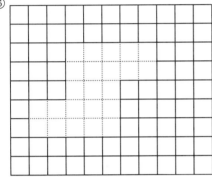

大きな長方形から点線の部分を引く

点線の部分を3つに分ける
2 × 2 = 4
5 × 3 = 1 5
2 × 2 = 4
4 + 1 5 + 4 = 2 3 …点線の部分

9 × 1 1 = 9 9 …大きな長方形
9 9 − 2 3 = 7 6

⑥、 7 6 cm²

P 1 0
問題 3

① 7 × 5 = 3 5　　答、 3 5 cm²

② 9 × 1 2 = 1 0 8　　答、 1 0 8 cm²

③、 1 1 × 1 1 = 1 2 1　　答、 1 2 1 cm²

④、 5 × 4 = 2 0 cm²…A
8 − 4 = 4 cm…ア　　2 × 4 = 8 cm²…B
2 0 + 8 = 2 8 cm²

答、 2 8 cm²

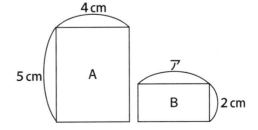

解 答

P10
問題3

⑤　3×7＝21㎠
　　2×3＝6㎠
　　21＋6＝27㎠

　　　　　　答、 27㎠

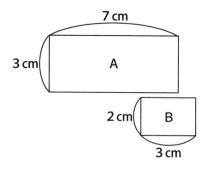

⑥　4－2＝2cm…ア　　3×2＝6㎠…C
　　5＋3＝8cm…イ　　2×8＝16㎠…D
　　1×3＝3㎠…E
　　6＋16＋3＝25㎠

　　　　　　答、 25㎠

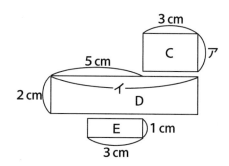

⑦　長方形からへこんでいる部分（F）を引きます

　　8×5＝40㎠…長方形
　　8－（2＋3）＝3cm…ウ　　3×1＝3㎠…F
　　40－3＝37㎠

　　　　　　答、 37㎠

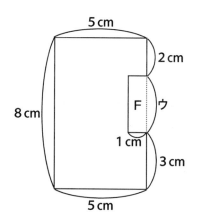

⑦　長方形全体から白い部分を引きます

　　6×8＝48㎠…長方形全体
　　4×3＝12㎠…白い部分
　　48－12＝36㎠

　　　　　　答、 36㎠

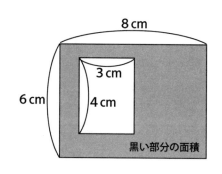

解答

P12

テスト1-1

① $4 \times 9 = 36$　　　　　　　　　答、**36c㎡**

② $4 \times 4 = 16$　　$6 \times 5 = 30$
　$16 + 30 = 46$　　　　　　　答、**46c㎡**

③ $3 \times 6 = 18$　　$5 \times 3 = 15$
　$18 + 15 = 33$　　　　　　　答、**33c㎡**

④ $2 \times 9 = 18$　　$1 \times 6 = 6$
　$2 \times 9 = 18$　　$1 \times 5 = 5$
　$2 \times 9 = 18$
　$18 \times 3 + 6 + 5 = 65$　　　　答、**65c㎡**

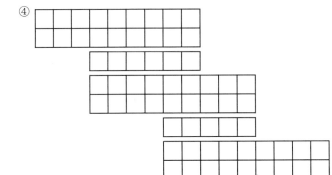

P13

⑤ $5 \times 3 = 15 \cdots A$　　$5 \times 11 = 55 \cdots B$
　$3 \times 3 = 9 \cdots C$　　$2 \times 5 = 10 \cdots D$
　$15 + 55 + 9 + 10 = 89$　　　　答、**89c㎡**

⑥ $9 \times 9 = 81 \cdots$大きな長方形全体
　$3 \times 4 = 12 \cdots$真ん中のぬけている部分のEのところ
　$3 \times 2 = 6 \cdots$真ん中のぬけている部分のFのところ
　$81 - (12 + 6) = 63$　　　　　答、**63c㎡**

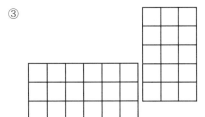

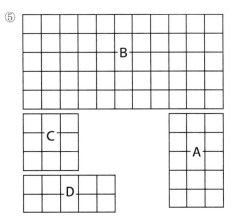

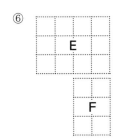

解 答

P13

⑦　9×14＝126…大きな長方形全体　　6×7＝42…Aの白い部分
　　3×4＝12…B　　126－42＋12＝96　　　　答、__96㎠__

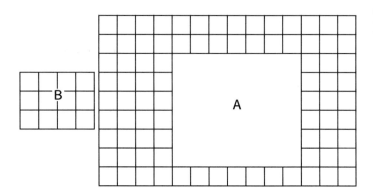

P14

テスト1－2

①　4×8＝32　　　　　答、__32㎠__

②　12×12＝144　　　答、__144㎠__

③　9×3＝27㎠…C　　6×4＝24㎠…D
　　27＋24＝51㎠
　　　　　　　　　　　答、__51㎠__

P14　テスト1－2　③

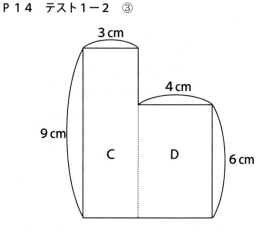

④　4×1＝4㎠…E
　　4＋4＝8cm…ア　　8－2＝6cm…イ
　　6×5＝30㎠…F
　　4＋30＝34㎠　　　答、__34㎠__

P14　テスト1－2　④

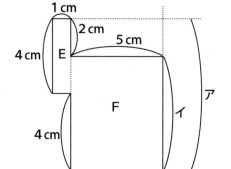

解 答

P15
テスト1-2

⑤ 4×2＝8㎠…A
2＋4＋2＝8cm…ア　　8×3＝24㎠…B
3×1＝3㎠…C
8＋24＋3＝35㎠　　　答、__35㎠__

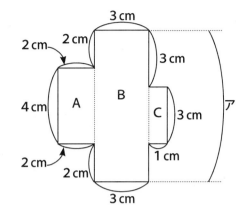

⑥ 5×7＝35㎠…大きな長方形全体
7－(2＋3)＝2cm…イ　　3×2＝6㎠…D
35－6＝29㎠　　　答、__29㎠__

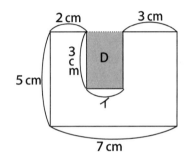

⑦ 6×7＝42㎠…E
8－6＝2cm…ウ　　2×3＝6㎠…F
2×4＝8㎠…G　真ん中の白い部分
42＋6－8＝40㎠　　　答、__40㎠__

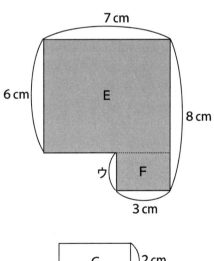

解 答

P15

⑧　6×8＝48㎠…A　　　2×1＝2㎠…B
　　3＋1＝4cm…ア　　　4－2＝2cm…イ
　　4×2＝8㎠…C　　　1×2＝2㎠…D
　　48－（2＋8＋2）＝36㎠　　　　　　答、＿＿36㎠＿＿

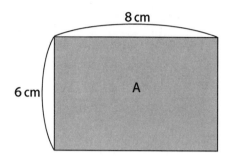
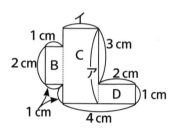

P19
問題4

① 21×12＝252㎠　　　答、＿＿252㎠＿＿
② 28×15＝420㎠　　　答、＿＿420㎠＿＿
③ 21×8＝168㎠　　　答、＿＿168㎠＿＿
④ 39×40＝40㎠　　　答、＿＿1560㎠＿＿
⑤ 17×24＝408㎠　　　答、＿＿408㎠＿＿

P21
テスト2－1

① 6×4＝24㎠　　　答、＿＿24㎠＿＿
② 5×4＝20㎠　　　答、＿＿20㎠＿＿
③ 8×3＝24㎠　　　答、＿＿24㎠＿＿
④ 2×7＝14㎠　　　答、＿＿14㎠＿＿
⑤ 1×8＝8㎠　　　答、＿＿8㎠＿＿

解　答

P22
テスト2-2
① 21×12＝252c㎡　　　　　答、＿＿252c㎡＿＿
② 28×15＝420c㎡　　　　　答、＿＿420c㎡＿＿
③ 17×24＝408c㎡　　　　　答、＿＿408c㎡＿＿

P23
④ 36×20＝720c㎡　　　　　答、＿＿720c㎡＿＿
⑤ 39×40＝1560c㎡　　　　答、＿＿1560c㎡＿＿

P26
問題5
① 5×6÷2＝30c㎡　　　　　答、＿＿15c㎡＿＿
② 6×3÷2＝18c㎡　　　　　答、＿＿9c㎡＿＿
③ 7×4÷2＝28c㎡　　　　　答、＿＿14c㎡＿＿
④ 5×8÷2＝40c㎡　　　　　答、＿＿20c㎡＿＿
⑤ 4×3÷2＝12c㎡　　　　　答、＿＿6c㎡＿＿
⑥ 12×5÷2＝60c㎡　　　　 答、＿＿30c㎡＿＿

P29
問題6
① 4×6÷2＝12c㎡　　　　　答、＿＿12c㎡＿＿
② 3×6÷2＝9c㎡　　　　　 答、＿＿9c㎡＿＿
③ 4×7÷2＝14c㎡　　　　　答、＿＿14c㎡＿＿
④ 5×8÷2＝20c㎡　　　　　答、＿＿20c㎡＿＿
⑤ 6×3÷2＝9c㎡　　　　　 答、＿＿9c㎡＿＿
⑥ 14×12÷2＝84c㎡　　　　答、＿＿84c㎡＿＿

P31
問題7
① 8×4÷2＝16c㎡　　　　　答、＿＿16c㎡＿＿
② 8－3＝5…底辺の長さ
　　5×4÷2＝10c㎡　　　　 答、＿＿10c㎡＿＿
③ 6×5÷2＝15c㎡　　　　　答、＿＿15c㎡＿＿

M.access　　　　　　　　　　　　　　　　　　　　　　　　面積　上　解答

解 答

P34

テスト3

① 4×4÷2＝8c㎡   答、_____8c㎡_____
② 6×5÷2＝15c㎡   答、_____15c㎡_____
③ 7×4÷2＝14c㎡   答、_____14c㎡_____
④ 3×10÷2＝15c㎡   答、_____15c㎡_____
⑤ 6×5÷2＝15c㎡   答、_____15c㎡_____
⑥ 2×8÷2＝8c㎡   答、_____8c㎡_____
⑦ 4×6÷2＝12c㎡   答、_____12c㎡_____
⑧ 6×6÷2＝18c㎡   答、_____18c㎡_____
⑨ 6×4÷2＝12c㎡   答、_____12c㎡_____
⑩ 14×12÷2＝84c㎡   答、_____84c㎡_____
⑪ 17×24÷2＝204c㎡   答、_____204c㎡_____
⑫ 11×12÷2＝66c㎡   答、_____66c㎡_____

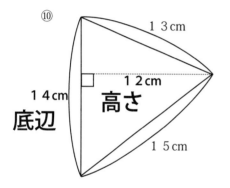

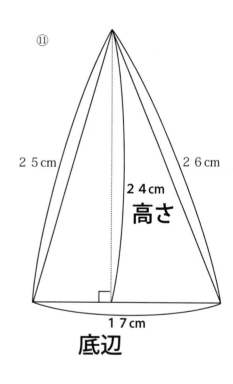

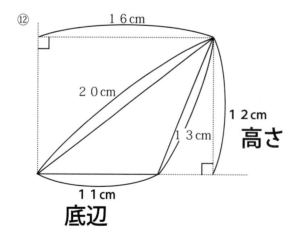

解 答

P34
テスト3

⑬　25×24÷2＝300㎠　　　　答、__300㎠__

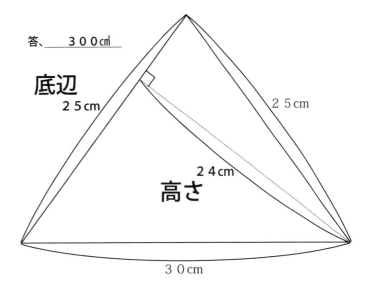

⑭　25×24÷2＝300㎠　　　　答、__300㎠__

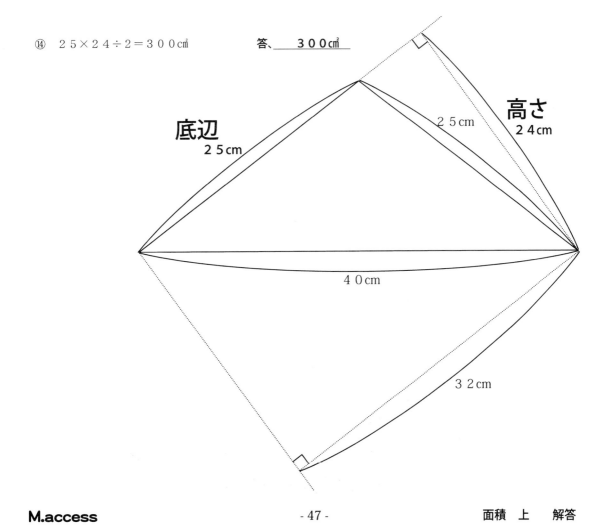

M.acceess　学びの理念

☆**学びたいという気持ちが大切です**
勉強を強制されていると感じているのではなく、心から学びたいと思っていることが、子どもを伸ばします。

☆**意味を理解し納得する事が学びです**
たとえば、公式を丸暗記して当てはめて解くのは正しい姿勢ではありません。意味を理解し納得するまで考えることが本当の学習です。

☆**学びには生きた経験が必要です**
家の手伝い、スポーツ、友人関係、近所付き合いや学校生活もしっかりできて、「学び」の姿勢は育ちます。
生きた経験を伴いながら、学びたいという心を持ち、意味を理解、納得する学習をすれば、負担を感じるほどの多くの問題をこなさずとも、子どもたちはそれぞれの目標を達成することができます。

発刊のことば

　「生きてゆく」ということは、道のない道を歩いて行くようなものです。「答」のない問題を解くようなものです。今まで人はみんなそれぞれ道のない道を歩き、「答」のない問題を解いてきました。

　子どもたちの未来にも、定まった「答」はありません。もちろん「解き方」や「公式」もありません。

　私たちの後を継いで世界の明日を支えてゆく彼らにもっとも必要な、そして今、社会でもっとも求められている力は、この「解き方」も「公式」も「答」すらもない問題を解いてゆく力ではないでしょうか。

　人間のはるかに及ばない、素晴らしい速さで計算を行うコンピューターでさえ、「解き方」のない問題を解く力はありません。特にこれからの人間に求められているのは、「解き方」も「公式」も「答」もない問題を解いてゆく力であると、私たちは確信しています。

　M.accessの教材が、これからの社会を支え、新しい世界を創造してゆく子どもたちの成長に、少しでも役立つことを願ってやみません。

思考力算数練習帳シリーズ３９
面積上　新装版　整数範囲　　（内容は旧版と同じものです）

　　　新装版　第１刷
　　　編集者　M.access（エム・アクセス）
　　　発行所　株式会社　認知工学
　　　〒６０４－８１５５　京都市中京区錦小路烏丸西入ル占出山町３０８
　　　電話　（０７５）２５６－７７２３　　email：ninchi@sch.jp
　　　郵便振替　０１０８０－９－１９３６２　　株式会社認知工学

　　ISBN978-4-86712-139-9　　C-6341　　　A39090124H　　M

定価＝　本体６００円　＋税